Philipp Heetlage

Konzept für die Generalentwässerungsplanung der Stadt Raipur

AF154892

Philipp Heetlage

Konzept für die Generalentwässerungsplanung der Stadt Raipur

am Beispiel des Stadtteils Purani Basti

AV Akademikerverlag

Impressum / Imprint

Bibliografische Information der Deutschen Nationalbibliothek: Die Deutsche Nationalbibliothek verzeichnet diese Publikation in der Deutschen Nationalbibliografie; detaillierte bibliografische Daten sind im Internet über http://dnb.d-nb.de abrufbar.

Alle in diesem Buch genannten Marken und Produktnamen unterliegen warenzeichen-, marken- oder patentrechtlichem Schutz bzw. sind Warenzeichen oder eingetragene Warenzeichen der jeweiligen Inhaber. Die Wiedergabe von Marken, Produktnamen, Gebrauchsnamen, Handelsnamen, Warenbezeichnungen u.s.w. in diesem Werk berechtigt auch ohne besondere Kennzeichnung nicht zu der Annahme, dass solche Namen im Sinne der Warenzeichen- und Markenschutzgesetzgebung als frei zu betrachten wären und daher von jedermann benutzt werden dürften.

Bibliographic information published by the Deutsche Nationalbibliothek: The Deutsche Nationalbibliothek lists this publication in the Deutsche Nationalbibliografie; detailed bibliographic data are available in the Internet at http://dnb.d-nb.de.

Any brand names and product names mentioned in this book are subject to trademark, brand or patent protection and are trademarks or registered trademarks of their respective holders. The use of brand names, product names, common names, trade names, product descriptions etc. even without a particular marking in this work is in no way to be construed to mean that such names may be regarded as unrestricted in respect of trademark and brand protection legislation and could thus be used by anyone.

Coverbild / Cover image: www.ingimage.com

Verlag / Publisher:
AV Akademikerverlag
ist ein Imprint der / is a trademark of
OmniScriptum GmbH & Co. KG
Heinrich-Böcking-Str. 6-8, 66121 Saarbrücken, Deutschland / Germany
Email: info@akademikerverlag.de

Herstellung: siehe letzte Seite /
Printed at: see last page
ISBN: 978-3-639-47286-8

Copyright © 2014 OmniScriptum GmbH & Co. KG
Alle Rechte vorbehalten. / All rights reserved. Saarbrücken 2014

[Inhaltsverzeichnis]

Kapitel 4 – Anhang

Bilder

Tabellen

[Summary]

India's two main problems are the shortage of water and poor sanitary conditions. Because the Indian government want to change these conditions, it recommend an average water consumption of 55 liters per person per day by government standards to dam up the water scarcity and also initiates a project which aims to improve the infrastructure in six major cities of India. This includes the city of Raipur, it is the first city in the project "Jawaharlal Nehru National Urban Renewal Mission," in short JNNURM, is realized. A very important part is the efficient refurbishment and extension of the sewerage system. The project is currently running and the documentation of the existing sewer system is the order of the company Michel Bau Gmbh & Co. KG where I am currently absolving a dual training. To contribute to this assignment, I worked out the reassessments of a drainage system in this thesis. In addition, I have created a concept for drainage. In the context of describing the state of the existing sewer system and the results of the hydraulic design I also created a concept for the rehabilitation. The thesis shows that it is essential for a city of this size having a functioning sewer system that opens up the entire municipal area. Also the thesis is about to show the possibilities that are given. Although the extension of a sewer system in already populated areas usually represents a major effort it has opened up the opportunity to create a well-planned expansion which can improve by their functionality the hygienic conditions and enables the possibility to continue working on the two large main problems for the benefit of the population.

[Einleitung]

Ein funktionierendes Kanalnetz ist – wie eine funktionierende Trinkwasserversorgung – für viele Europäer eine Selbstverständlichkeit. Entwässerungssysteme für Regen-sowie Schmutzwasser bedeuten Schutz vor der Natur (Überschwemmungen) sowie Schutz vor dem Menschen selbst (hygienische Entsorgung des Schmutzwassers, fernhalten von schädlichen Bakterien und Keimen). Entwässerungssysteme bieten zudem der Natur Schutz vor dem Menschen, da gerade in Ländern, die über kein oder unzureichend funktionierendes Kanalnetz verfügen die Belastungen für Gewässer und somit für die gesamte Umwelt extrem hoch sind.

In der heutigen Zeit spielt der Umweltschutz eine immer größere Rolle in der westlichen Welt. In asiatischen Staaten entwickelt sich der Umweltgedanke erst Schritt für Schritt.

Auch wenn, gerade in Indien, Gesetzgebungen auf einen umfangreichen Schutz der Umwelt abspielen, so werden diese oftmals eher mangelhaft umgesetzt. Doch wenn diese Staaten zu den Industriestaaten aufschließen wollen muss ein ökologisches Umdenken stattfinden. Nur so kann ein Staat eine gesunde und wohlhabende Bevölkerung gewähren sowie einen angemessenen Umweltschutz garantieren.

Zu den größten Umweltproblemen Indiens gehören die Wasserknappheit sowie der nur selten vorhandene Anschluss an ein funktionierendes Kanalnetz. Schätzungen zur Folge haben nur ca. 16 % überhaupt einen Zugang zu sanitären Anlagen.[1]

Indien ist eines der Schwellenländer, die sich durch ein großes Bevölkerungs-wachstum sowie einen rasanten Fortschritt (u.a. technisch) in den letzten Jahren auszeichnet. Bislang kann man dennoch nicht sagen ob sich dieses Land zu einem Industriestaat entwickelt. Wichtig hierfür ist unter

---

[1] Wikipedia (2012), Wikipedia
http://de.wikipedia.org/wiki/Indien#Umweltschutz, 16.11.2012, 13:42 Uhr

anderem die Grundversorgung durch Trinkwasser, sowie ein funktionierendes Abwassernetz. Die Bundesrepublik Indien ist mit 1,2 Milliarden Einwohner das zweitbevölkerungsreichste Land der Erde, in absehbarer Zeit wird Indien die Volksrepublik China einholen und als bevölkerungsreichstes Land der Erde ablösen.

Das Wirtschaftswachstum wird weiter steigen und laut Schätzung der OECD wird Indien 2060 mit China zusammen gut die Hälfte des weltweiten Bruttoinlandsproduktes stellen. Damit würde Indien zu den Topindustrienationen der Welt aufrücken.[2]

In den letzten Jahren investierte der Staat immer mehr Geld in die Grundversorgung, das Kanalnetz wird saniert und erweitert. In vielen Teilen Indiens ist jedoch nicht viel über das vorhandene Kanalnetz bekannt. Dies soll sich nun durch ein Pilotprojekt in sechs großen Städten Indiens ändern, die Stadt Raipur gilt als Testlauf für die fünf weiteren Städte. In Raipur wird deutlich das ein funktionierendes Kanalnetz nicht selbstverständlich ist.

Raipurs Kanalnetz ist momentan außer Betrieb und die Informationen darüber spärlich.

---

[2] OECD Calculations (2012), OECD
http://www.oecd.org/eco/economicoutlookanalysisandforecasts/lookingto2060.htm,
16.11.2012, 14:50 Uhr

Kapitel 1 // Einführung

1.1 [Motivation]

Im Rahmen meines dualen Studiums ermöglichte mir mein derzeitiger Arbeitgeber, die Michel Bau GmbH & Co. KG, einen vierwöchigen Aufenthalt in Kolkata (deutsch: Kalkutta), der mit 4,5 Millionen Einwohnern siebtgrößten Stadt Indiens. Abgesehen von Erzählungen der Mitarbeiter und TV Reportagen war mit Indien absolut Unbekannt. Nach einem ersten Kulturschock gewöhnte ich mich schnell an die indische Arbeitsweise und das Land. Diverse Baustellenbesuche und andere bauleiterische Tätigkeiten weckten mein Interesse. Die Motivation, eine Abschlussarbeit über einen aktuellen Auftrag der Michel Bau in Indien zu schreiben, wurden durch die spärlichen Informationen und die Tatsache, dass eine Millionenstadt wie Raipur zurzeit kein funktionierendes Kanalnetz besitzt, geweckt.

Der Umstand, dass die Informationen über eine Millionenstadt so spärlich sind, teilweise ganz fehlen, ist für deutsche Verhältnisse ungewöhnlich und gewöhnungsbedürftig. Bislang wurden nur Vermutungen über das Kanalnetz in Raipur angestellt. Zum Teil ist die Lage der Leitungen bekannt, jedoch nicht welchen Durchmesser sie haben, aus welchem Material sie sind geschweige denn, was diese zu leisten in der Lage sind. Zudem wird vermutet, dass mindestens ein Drittel aller Schächte im Laufe der letzten Jahre überasphaltiert wurden.

Die Konzeptionierung des Kanalnetzes stellt somit eine Herausforderung dar, der ich mich im Rahmen der Abschlussarbeit zum Bachelor of Engineering stellen möchte.

Eine weitere Motivation für mich ist die Nähe zur Praxis sowie die Möglichkeit die Firma bei diesem Auftrag zu unterstützen.

[Aufgabenstellung]

Das Entwässerungssystem für die Stadt Raipur, Indien existiert nur unvollständig. Die Lage und der Zustand vieler Kanäle ist nicht exakt bekannt, in anderen Straßenzügen existiert überhaupt kein Entwässerungssystem. Herr Philipp Heetlage soll basierend auf spärlichen Informationen des Auftraggebers ein Konzept für die Generalentwässerungsplanung der Stadt Raipur ausarbeiten. Aufgrund der großen Ausdehnung und Population der Stadt soll dies exemplarisch am Stadtteil Purani Basti erfolgen. Dabei ist auf eine möglichst gute Übertragbarkeit auf die anderen Stadtteile zu achten. Es wird folgendes verlangt:

- Zusammenstellung aller Grundlagen, die für die Generalentwässerungsplanung benötigt werden
- Zustandsbeschreibung des existierenden Entwässerungssystems
- Abschätzung des Schmutzwasseranfalls, sowie Regenwasseranfalls
- Hydraulische Berechnung des Entwässerungssystems
- Konzept für die Sanierung

[Ziel der Arbeit]

Ziel meiner Arbeit ist es, die Generalentwässerung der Stadt Raipur im Stadtteil Purani Basti zu bewerten, verbessern und zu durch eine Entwässerungsplanung zu erweitern. Dabei steht die Erstellung eines Konzeptes zur Entwässerung sowie zur Sanierung im Vordergrund. Zudem soll für den Stadtteil das vorhandene Kanalnetz ob seiner Leistungsfähigkeit untersucht werden sowie die Bewertung der aktuellen Zustände. Die hydraulischen Nachweise werden auch für das vorhandene Kanalnetz geführt sodass im Anschluss deutlich wird ob das existierende System weiterhin bestehen kann. Die Grundlagendaten, die von der Firma Michel Bau zur Verfügung gestellt werden, werden mit plausiblen Annahmen erweitert, um einen möglichst genauen Überblick über die aktuelle Situation zu bekommen. Im Anschluss ist ein Konzept zur Sanierung zu erstellen. Des Weiteren soll darauf geachtet werden, dass die Übertragbarkeit auf andere Stadtteile stets gegeben ist.

In dieser Arbeit werden nur die Hauptleitungen bemessen und geplant. Von dem aktuellen Mischwassersystem soll nicht durch die Planung eines Trennsystems abgewichen werden. Bau- und Betriebskosten betrachte ich nicht detailliert, Pumpstationen und Kläranlagen werden nicht bemessen.

[Aufbau der Arbeit]

Zunächste ist es meiner Ansicht nach wichtig, einen kurzen Überblick über das Land, die Stadt sowie das Projekt, um welches es in dieser Arbeit geht zu bekommen. Die Einleitung dieser Arbeit ist hauptsächlich dem Land Indien gewidmet. Das Kapitel Einführung soll im Nachgang ein wenig mehr über meine Motive sowie mein Firmenumfeld informieren. Zudem soll es aufzeigen, welche Ziele diese Arbeit verfolgt. Die Vorstellung der Stadt

Raipur im Anschluss soll, wie auch die Erläuterungen zum Projekt sowie die Darstellung der vorhandenen Dokumentation, das Augenmerk weiter Richtung Konzeptionierung leiten.

Die hydraulischen Berechnungen des Kanalnetzes bzw. die Erstellung eines ausreichenden Kanalnetzes werden hauptsächlich auf bereits vorhandenen Information und Annahmen beruhen. Nach Erhalt der Messwerte aus Indien zum bestehenden Kanalnetz werden die Leistungsfähigkeit, so wie der Zustand des Vorhandenen ermittelt. Des Weiteren möchte ich herausfinden, ob das derzeitige Kanalnetz einer Erweiterung standhalten könnte oder ob auch hier nach einem anderen Konzept weiter verfahren werden muss.

[Firmenumfeld]

Durch das duale Studium, in Schleswig-Holstein StudiLe (Studium und Lehre) genannt - bei der Firma Michel Bau GmbH & Co. KG habe ich schon vor Beginn des Studiums die Möglichkeit bekommen, wichtige Erfahrungen auf dem Weg zum Bauingenieur zu sammeln.

Die Michel Bau, gegründet im Jahre 1923 ist ein mittelständisches Unternehmen, das mittlerweile nicht nur national, sondern auch international tätig ist. Seit nunmehr elf Jahren arbeitet die Michel Bau in Indien und gehört zu den erfahrensten deutschen Tiefbauunternehmen in diesem Land.

Begonnen hat meine berufliche Laufbahn bei der Firma mit der Ausbildung zum Kanalbauer. Durch die Ausbildung lernte ich die Firma besser kennen und bekam zudem einen Überblick über Personal und Baustellen.

Während des Studiums begleitete ich diverse Bauleiter der Firma bei ihrer Arbeit und lernte nun auch den operativen Teil der Firma besser kennen. Nachdem nun weite Teile des Studiums abgeschlossen waren, wurde ich im Zuge der vorgesehenen Praktikumszeit häufiger in beginnende Projekte eingebunden. Diese Projekte beinhalteten die Sanierung von Kanälen mit

GFK-Linern. Zusammen mit Herrn Stephan Remer betreute ich zwei Sanierungsmaßnahmen in Aachen und Kaiserslautern, die noch nicht abgeschlossen sind von Herrn Remer weiter betreut werden. Im Rahmen dieser Zeit hatte ich - wie eingangs bereits beschrieben - einen vierwöchigen Arbeitsaufenthalt in Indien. Die Baumaßnahme in Kolkata beinhaltet ebenfalls die Sanierung eines Mischwasserkanals mit GFK-Linern. Das Bauvorhaben wird betreut durch den Projektleiter Stephan Remer. Durch die Arbeit wurde ich nun aufmerksam auf den Auftrag in Raipur, welcher nun zumindest zum Teil Thema meiner Arbeit sein wird. Der Auftrag umfasst die Bewertung des gesamten Kanalnetzes in Raipur.

Kapitel 2 // Projektumfeld

[Raipur]

Raipur ist die Hauptstadt des indischen Bundesstaates Chhattisgarh im zentralen Indien. Sie ist mit etwas mehr als einer Millionen Einwohner die größte Stadt des namentlich gleichen Landkreises Raipur sowie die Größte des Bundesstaates (siehe Anlage Zeichnungen/Anlage01a). Raipur ist die Hauptstadt des seit dem Jahre 2000 bestehenden Bundesstaates Chhattisgarh und umfasst eine Fläche von ca. 21.258 km². Aufgrund archäologischer Funde gehen derzeit Historiker davon aus, dass die Stadt bereits seit dem 9. Jahrhundert existiert, mehrheitlich geht man allerdings davon aus, dass die Stadt seit dem 14. Jahrhundert existiert.[3]

Das Klima der Stadt ist tropisch feucht und trocken. Während im Sommer mehr als 45° C erreicht werden können, sinken die Temperaturen im Winter auf teilweise unter 10° C. Im Verlauf eines Jahres fallen ca. 1300 mm Regen. Die Monsunzeit beginnt Mitte Juni und endet Anfang Oktober. In dieser Zeit steigt die Luftfeuchtigkeit auf über 75% und es fallen Regenmengen von fast 400 mm pro Monat. Im Anschluss fällt die Luftfeuchtigkeit ab, die Luft wird trockener und das Klima angenehmer.[4]

Heute hat Raipur bereits den Status der wichtigsten Bildungszentren erreicht. Es gibt zwei große Universitäten die zusammen mit anderen Institutionen viel Zeit in Forschung und Entwicklung investieren.

Das Hauptproblem für zukünftiges Wachstum in Raipur bezieht sich auf das Wachstum der Stadt als Hauptstadt des Staates. Umliegende ländliche Bereiche sollen in die Stadt integriert werden, in Zukunft soll die Perspektive einer sowohl kommerziellen als auch industriellen und pädagogischen Mitte

---

[3] Indien Aktuell (2012),
http://www.indienaktuell.de/indien-info/laenderinformation/westindien/chhattisgarh/raipur/,
18.11.12, 16:45 Uhr
[4] Meinhardt (2012): Revised Final Detailed Project Report Sewerage, Technical Report. Indien.

für die Stadt entwickelt werden. Raipur soll als Landeshauptstadt weiter wachsen jedoch nicht ausschließlich innerstädtisch.

Derzeit erfährt Raipur einen großen Anstieg der wirtschaftlichen und kommerziellen Aktivitäten was dem wirtschaftlichen Wachstum zu verdanken ist. Durch den Bevölkerungszuwachs sowie dem enormen wirtschaftlichen Wachstum sieht sich die Stadt immer mehr Problemen gegenüber.

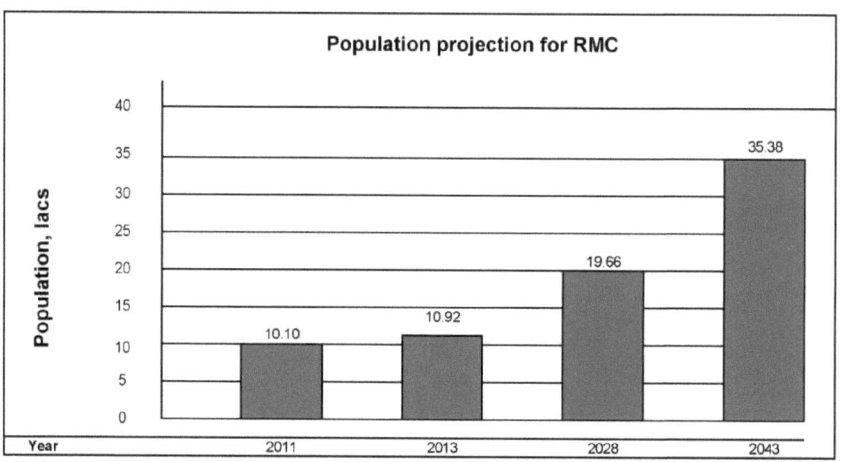

Abb. 2.1.1: Bevölkerungsentwicklung Raipur

In der Grafik ist eine Prognose der Raipur Municipal Corporation (RMC) – der Stadtverwaltung Raipurs - der Bevölkerung zu sehen. Es wird angenommen, dass sich die Bevölkerung der Stadt in den nächsten 30 Jahren auf 3,5 Millionen Einwohner erhöht. Die Grafik ist aus den Auftragsunterlagen über-nommen, die Bevölkerung wird hier in Lac – eine indische Zählweise – angegeben. Ein Lac entspricht 100.000. Das Original der Grafik ist im Anhang Tabellen/Anlage01 zu sehen.

Die ohnehin unzureichende Infrastruktur ist nicht in der Lage den Druck weiter zu tragen. Die Wasserversorgung funktioniert nicht ausreichend, viele ober- und unterirdische Quellen sind kontaminiert und können kein sauberes Trinkwasser liefern. Viele Teile der Stadt sind zum Teil nur dürftig oder gar nicht mit einer Kanalisation versorgt was die Stadt nun veranlasst, das bestehende Kanalnetz zu sanieren und erweitern.[5]

Das Projekt, welches dieses nun ermöglichen soll, nennt sich „Jawaharlal Nehru National Urban Renewal Mission" und wurde von der indischen Regierung initiiert.

[Das Projekt]

Das Projekt „Jawaharlal Nehru National Urban Renewal Mission", kurz JNNURM, wurde von der indischen Regierung ins Leben gerufen. An diesem Projekt sind die größten indische Städte beteiligt, u.a. Dehli, Mumbai, Ahmedabad, Bangalore, Kolkata, Raipur, etc.[6] Erstmals wird JNNURM in Raipur umgesetzt, es soll Vorbild sein aber auch auf mögliche Probleme hindeuten.

Unter anderem soll dieses Projekt eine konzentrierte Aufmerksamkeit auf die Entwicklung der Infrastruktur in den oben genannten Städten hervorrufen. Eine effiziente Erstellung und Pflege der Infrastruktur soll durch das Projekt gewährleistet werden damit ein weitgehend autarkes Leben eben dieser im Anschluss möglich ist. Im Zuge dessen sind die vorhandenen Mängel angemessen zu beseitigen und die Funktionstüchtigkeit der Infrastruktur zu gewährleisten. Durch die Erstellung, Pflege und Mängelbeseitigung der Infrastruktur soll in Zukunft gewährleistet werden, dass die bereits weit fortgeschrittene sowie weiterhin anstehende Urbanisierung in gewissem Sinne verteilt stattfindet, sie soll zudem zivile Einrichtungen der Stadt aufwerten.

Die Stadt Raipur soll durch JNNURM für eine integrierte Stadtentwicklung

---

[5] Meinhardt (2012): Revised Final Detailed Project Report Sewerage, Technical Report. Indien.

[6] Meinhardt (2012): Revised Final Detailed Project Report Sewerage, Technical Report. Indien.

aufgewertet werden. Die Verbesserung der Kanalisation sowie der Entwässerung ist einer der Bereiche der finanziell durch JNUURM abgedeckt ist. Raipur ist im Bundesstaat Chhattisgarh das wichtigste Zentrum für höhere Bildung und sollte dementsprechend über eine ausreichende Infrastruktur verfügen.

Die Kanalisation und Entwässerungsinfrastruktur der Stadt Raipur unterliegt der Raipur Municipal Corporation sowie dem Public Health Department. Wie eingangs bereits beschrieben erfährt die Stadt zurzeit eine rasche Urbanisierung, welche die wirtschaftlichen und kommerziellen Aktivitäten enorm erhöht. Dies erhöht natürlich auch den Druck auf die gesamte Infrastruktur. Das Kanalnetz der Stadt ist nicht voll entwickelt, nur ein Teilbereich der Stadt ist versorgt. In anderen Teilen der Stadt wird das Schmutzwasser in kleinen Klärbecken oder kleinen Gruben entsorgt. Das Abwasser wird roh und unbehandelt in viele Gewässer und Seen abgeleitet, was für eine starke Belastung eben dieser und somit zu negativen gesundheitlichen Folgen der Einwohner führt.[7]

Diese Gründe sorgen dafür, dass es zwingend notwendig, ist in Raipur ein funktionstüchtiges sowie effizientes Abwassersystem zu installieren. Nicht nur für die Gesundheit der Bevölkerung ist dieses von entscheidender Bedeutung, es bremst zudem das Wirtschaftswachstum der Stadt.

Aus diesem Grund wird nun unter anderem an dem Kanalnetz gearbeitet.

Das bestehende Kanalnetz der Stadt wurde im Jahr 1992 auf einer Fläche von ca. 25% der Gesamtfläche der Stadt errichtet. Derzeit beträgt die Länge des Kanalnetzes der Stadt Raipur 55,97 km während das Ausmaß der Straßen 970 km beträgt.[8]

---

[7] Meinhardt (2012): Revised Final Detailed Project Report Sewerage, Technical Report. Indien.

[8] Meinhardt (2012): Revised Final Detailed Project Report Sewerage, Technical Report. Indien.

[Dokumentation]

Die vorhandene Dokumentation des Projektes ist ob ihrer Brauchbarkeit schwer zu überschauen. Es wurden sowohl vom Auftraggeber, der Raipur Municipal Coorporation, Dokumente freigegeben, als auch vom Ingenieurbüro Meinhardt. Das Ingenieurbüro Meinhardt erstellte sogar ein Konzept für die Generalentwässerung, welches allerdings nicht verwendet werden kann, da zum einen nicht Anhand der vorhandenen Kanalisation konzeptioniert wurde sondern auf Grundlage der Geländehöhen. Zum anderen deckt sich der Entwässerungsplan des Ingenieurbüros in keiner Weise mit der Zeichnung der Raipur Municipal Coorporation (RMC), sodass hier davon auszugehen ist, dass dieses Entwässerungskonzept auf Vermutungen basiert. Zudem wird im Konzept die Dimensionierung eines Schmutzwasserkanals vorgenommen, es handelt sich hier aber um ein Mischwassersystem.

In einer Anlage der Originalarbeit ist die Karte der RMC mit den Annahmen über das vorhandene Kanalsystem zu sehen. Es ist deutlich zu erkennen, dass dies keine detailgetreue Abbildung der Stadt ist. In der Zeichnung sind weder Schächte, Material noch diverse andere notwendige Informationen zu erkennen. Hierfür ist es wichtig auf die Informationen, die durch die Firma Michel Bau GmbH & Co. KG ermittelt werden, zurückzugreifen. Diese ermittelt während der Zeit, in der ich diese Abschlussarbeit verfasse, unter anderem den exakten Durchmesser, das Material, den Trockenwetterabfluss, das Profil sowie die Tiefe der Schächte. Mit diesen Daten lässt sich ein guter Überblick über das vorhandene Kanalnetz erstellen. Die Tiefe der Schächte soll mit den Höhenangaben des Ingenieurbüros Meinhardt ergänzt werden, die von dessen Mitarbeitern gemessen wurden. In den, der Abschlussarbeit enthaltenen Zeichnungen, sieht man mehrere Zeichnungen der Firma Meinhardt, die das Gebiet, welches ich betrachte darstellen soll. In den sehr detaillierten Plänen des Stadtgebietes sind hier Schachtnummern und Fließrichtung zu sehen. Zudem stellen die sonst identisch detaillierten Pläne die Geländehöhen dar, diese sollen Grundlage für meine hydraulischen Nachweise sein. Aus den Pdf-Dokumenten mehrerer Zeichnungen habe ich eine CAD-Datei erstellt. Da der Verlauf der Kanalisation in diesem Plan nicht immer der Wirklichkeit entspricht und zum großen Teil durch Vermutungen konzeptioniert ist, habe ich das vorhandene Kanalnetz gemäß des Plans der RMC eingetragen. Weiter liefert das Ingenieurbüro Meinhardt viele Tabellen zur hydraulischen Berechnung. Diese Tabellen stehen im Zusammenhang mit dem eingangs beschriebenen Konzeptes und sind somit überwiegend unbrauchbar. Diverse Anlagen der Originalarbeit sollen hierbei als Beispiel dafür dienen, dass es sich bei den Tabellen um unzählige Seiten handelt.

Zusätzlich wurden von der Firma Meinhardt Informationen zur Stadt Raipur und dem Projekt zur Verfügung gestellt. Diese enthalten unter anderem Angaben zur Geschichte der Stadt sowie Informationen zum Klima. Wichtige Informationen wie die Regenspende der Region fehlen hier jedoch, sind aber für die Erstellung der hydraulischen Berechnung eines Mischwasserkanals von entscheidender Bedeutung.

Weiter liefert das Ingenieurbüro Pläne, welche die Stadt in ihre Bezirke ein-teilt. Diese Bezirke werden wiederum in Stadtgebiete bzw. Stadtteile aufge-teilt. Aufgrund der Informationen der Firma Michel Bau über die Arbeitsphasen bei der Dokumentation entschloss ich mich, ein Konzept für den Stadtteil Purani Basti zu erstellen. Weitere Zeichnungen über die Einwohnerdichte sowie die Entwicklung liefern wichtige Informationen für das zu erstellende Konzept und die hydraulische Bemessung. Auch ermöglichen diese einen Blick in die Zukunft und lassen annähernd deutlich werden, wie wichtig die Abdeckung des Stadtgebiets mit deinem Kanalnetz ist.

Kapitel 3 – [Generalentwässerungsplanung]

3.1 [Grundlagenermittlung]

[Entwässerungskonzept]

Im bereits überbauten Siedlungsgebiet um Purani Basti in Raipur soll gemäß dem vorhandenen Kanalsystem weiterhin über ein Mischwassersystem entwässert werden. Die Vorteile des Mischwassersystems liegen in der Umsetzung und daraus folgend ebenso den Kosten. Es ist nur ein Kanal für Schmutz- und Regenwasser erforderlich und durch Sammelleitungen entstehen geringe Kosten. Die größere Einbindetiefe gegenüber dem Trennsystem ist dennoch aufwendiger. Die Einbindetiefe hängt mit dem Rohrdurchmesser zusammen, die Mindestüberdeckung von h= $1,5 * DN$ soll weitestgehend eingehalten werden. Für die Ausführungs-planung sollte allerdings die Einbindetiefe des vorhandenen Kanalsystems betrachtet werden und mit den Vorgaben des Auftraggebers erweitert und genau erarbeitet werden. Eine frostfreie Gründung ist nicht erforderlich, da Bodenfrost in Indien ist nahezu ausgeschlossen. Als Nachteil des Mischwassersystems sollte man das regelmäßige Spülen aufführen da durch den geringen Trockenwetterabfluss Ablagerungen entstehen können. Das Kanalsystem sollte in der Regel zwei Mal im Jahr gespült werden um mögliche Ablagerungen zu verhindern. Weitere Nachteile sind der aufwendige aber notwendige Einbau von Regenüberläufen, Regenüberlaufbecken sowie die aufwendigen und kostenintensiven Pumpwerke. [9] Normalerweise birgt das Mischwassersystem zudem hygienische Gefahren durch die Überlaufe in Gewässer, in diesem Fall

---

[9] Alfons Goris, 2008:Schneider, Bautabellen für Ingenieure. 18. Auflage.

jedoch, wenn man ein Rechenwerk oder ähnliches einbaut, bedeutet es im Gegensatz zu den jetzigen Zuständen in Raipur eher das Gegenteil. Für das hier behandelte Gebiet soll darauf geachtet werden, dass das vorhandene Kanalsystem weiterhin zum größten Teil bestehen kann. Dies soll gewährleistet werden damit das existierende Entwässerungssystem nach einer Sanierung wieder in Betrieb genommen werden kann und nicht zu hohe Kosten entstehen durch einen kompletten Neubau entstehen. Dies kann man z.B. durch Stauraumkanälen an den Übergangsschächten zum existierenden Kanalnetz realisieren, weshalb darauf geachtet wurde das die zu planenden Haltung innerhalb der Einzugsgebiete immer an einem Schacht zum bestehenden Kanalsystem enden. Darauf werde ich später im Konzept für die Sanierung eingehen.

Im Anhang Bilder/Anlage01 sieht mein ein Satellitenbild des entsprechenden Gebietes. In Blau habe ich hier markiert welcher Bereich betrachtet werden soll. Weitere Eindrücke des Stadtgebietes sollen die Bilder im Anhang Bilder/Anlage03 – 05 liefern. Die umliegenden Gebiete sollen über andere Kanäle versorgt werden. Die Gründe hierfür sind unter anderem die Geländehöhen sowie das vorhandene Kanalsystem und die Anschlüsse an die Pumpstationen. In der folgenden Abbildung habe ich dieses Bild ver-kleinert dargestellt.

Abb. 3.1.1: Übersichtskarte mit untersuchtem Stadtgebiet, aus maps.google.de (2012), Google –
08.12.12, 11:36 Uhr; Überarbeitet von Philipp Heetlage

Der Stadtteil Purani Basti sowie die umliegenden Siedlungsgebiete bestehen
zu einem geringen Teil aus nicht befestigten Straßen. Für die nicht
befestigten Straßen sollen - im Gegensatz zu den befestigten Straßen - die
Straßeneinläufe höher angesetzt werden um zu verhindern dass zu viel
Schlamm in den Mischwasserkanal gerät. In diesem Zusammenhang ist auch
die Wahl der Haltungslängen von Bedeutung. Für befestigte Straßen sollen
die Haltungslängen möglichst lang gehalten werden. Hier können auf der
Länge der Haltung Straßeneinläufe direkt in den Mischwasserkanal geleitet
werden. Bei bereits bestehenden Schächten mit geringeren Abständen als
erforderlich könnte man diese schließen und durch eine senkrechte Leitung

19

die Entwässerung der Straßen garantieren indem man hier die Straßeneinläufe anschließt. Dies ist auch bei den Schächten möglich die gegebenenfalls überasphaltiert wurden. Sollte es nicht möglich die Haltungslängen möglichst groß zu planen wird das Regenwasser ausschließlich über Straßeneinläufe, die direkt an die Schächte geschlossen werden abgeführt. Letzteres bietet sich für nicht befestigte Straßen an, da sich das Regenwasser hier anstauen kann und sich so der größte Teil des zu Schlamm gewordenen Sandes absetzen kann. Es wird versucht Haltungslängen zwischen 50 – 80 m zu wählen, maximal aber 100 m. Die Längenvorgabe bezieht sich auf den Spülvorgang. Die heute üblichen Spülwagen sind auf diese Längen ausgelegt, weshalb es sinnvoll ist eben diese auch einzuhalten. Da die Haltungslängen des bestehenden Kanalnetzes mir erst gegen Ende der Bearbeitungsphase, nicht bzw. nur teilweise bekannt sind habe ich diese nach dem gleichen Prinzip geplant.

Das oben angeführte Spülen der Haltungen ist unumgänglich, doch nicht nur Sand und Schlick der Straßen wird zwangsläufig in das Entwässerungssystem gelangen, auch mit Müll und Pflanzenresten ist zu rechnen. Eine erste Abhilfe sollen hier Schmutzfänger in den Schächten und Straßeneinläufen schaffen. Diese müssen auch regelmäßig, in deutlich kürzeren Abständen als die Spülung, gesäubert werden.

Die Haltungen sollten möglichst mittig in der Straße installiert werden, jedoch sollte man die Lage der Haltung nicht zu Lasten der Haltungslängen planen. Um hier gegebenenfalls Kosten durch unnötige Schachtbauwerke zu minimieren kann von dem Konzept der mittig liegenden Straßen teils abgelassen werden um längere Haltungslängen zu erreichen. In dieser Arbeit sollen die Hauptleitungen bemessen werden, d.h. es werden keine Hausanschlüsse geplant. Es sollte allerdings bei der weiteren Planung darüber nachgedacht werden ob das Schmutzwasser ggf. durch ein Sammelbecken dezentral über den Mischwasserkanal entwässert wird und das Regenwasser in den schwer zu erreichenden Bereichen mittels Mulden Richtung Straße geführt wird. Hier kann es sich anstauen und im Anschluss über die Straßeneinläufe abfließen. In diesen Bereichen ist bei der Planung ebenfalls darauf zu achten, dass die Straßeneinläufe höher angesetzt werden, damit sich das Regenwasser hier auch anstauen kann. In der obigen Abbildung (bzw. Bilder/Anlage01) ist zu erahnen, dass es häufiger Bereiche gibt in denen die Häuser nicht über die Straßen zu erreichen sind sondern scheinbar nur über kleine nicht befestigte Fußwege.

Die Entsorgung des Mischwassers soll nach einer Vorreinigung vor dem bestehenden Pumpwerk mit einer Druckleitung in den Norden des von mir betrachteten Gebietes gepumpt werden, von hier aus wird das Mischwasser mit einer Freispiegelleitung weiter in den Norden der Stadt geleitet. Anschließend kann man hier z.B. eine weitere Reinigung veranlassen und das Wasser in den Fluss leiten.

Die Vorreinigung soll durch ein Rechenbauwerk erfolgen, dies befindet sich direkt vor dem Verteilschacht der den Anschluss zum Pumpwerk stellt sowie einen Anschluss an ein Regenüberlaufbecken welches das Wasser bei sehr großen Niederschlägen speichern soll. Später soll das Überlaufbecken das Mischwasser dosiert über eine weitere Pumpe dem Pumpwerk wieder zugeführt werden. Da in Indien auch mit sehr starken Niederschlägen innerhalb kurzer Zeit zu rechnen ist enthält das Regenüberlaufbecken einen Regenüberlauf in den Khokho Talab, der sich im Südwesten des Stadtgebietes befindet, nahe dem Pumpwerk. Im Regenüberlaufbecken sollen sich die Feststoffe aus dem Schmutzwasser - welche das Rechenbauwerk nicht entfernen konnte - absetzen und so verhindern dass diese in den Khokho Talab gelangen. Hier ist eine regelmäßige Reinigung ebenfalls erforderlich.

Die Haltungen wurden in der Regel mit einem Gefälle von 1:100 (1,00 %) versehen, da hierdurch die Leistungsfähigkeit des Systems im Gegensatz zum Mindestgefälle erhöht wird. Das Mindestgefälle bei Mischwasserkanälen sollte 1:DN betragen, mindestens aber 1:300.[10] Um dieses Gefälle auch bei Geländesprüngen durchzusetzen habe ich in der Planung die Sohlhöhen des Schachtablaufes gegenüber dem Zulauf teils herabgesetzt um das Gefälle mit einer ausreichenden Überdeckung zu gewährleisten.

[Topographie]

Das Stadtgebiet um Purani Basti beinhaltet Geländeneigunen von bis zu 10% über das gesamte Gebiet gesehen jedoch nur ca. 1,0 %. Dies ist später wichtig für die Listenrechnung mit dem Zeitbeiwertverfahren, welches für die Bemessung des Kanalnetzes gewählt wurde. Jedes Teileinzugsgebiet wird in eine Neigungsgruppe eingeteilt weshalb die Geländeneigung eine bedeutende Rolle spielt. Zudem gibt die Geländeneigung Aufschluss auf das zu planende Gefälle der Kanäle. Es wäre in diesem Fall, bei einer Neigung von ca, 1,0 %, nicht sinnvoll mit einen Haltungsgefälle von 2 % zu planen. Im Südwesten des Stadtgebietes befindet sich das Pumpwerk welches auch in Zukunft das Mischwasser abpumpen soll. Den Geländeplänen sind zahlreiche Geländehöhen zu entnehmen die ergeben, dass es mitunter Gegengefälle Richtung Südwest gibt. Diese Tatsache sollte unbedingt in der Planung berücksichtig werden. In den von mir aufgestellten Plänen gebe ich die Geländehöhen der Pläne an. Nicht ermittelte aber erforderliche Geländehöhen werden als Annahme getroffen.

Gemäß den Unterlagen des Ingenieurbüros Meinhardt handelt es sich hierbei um ein Gebiet mit einer Einwohnerdichte von 200 – 300 Einwohner pro Hektar. Für die Entwässerungsplanung soll hier mit 300 Einwohner pro

---

[10] Prof. Dr.-Ing. Matthias Grottker: Script Siedlungshygiene.

Hektar gerechnet werden. Das gesamt Gebiet umfasst ca. 39,29 ha womit sich eine geschätzte Einwohnerzahl von ca. 11780 ergibt. Die Einwohnerdichte ist ebenso Bestandteil der Listenrechnung, durch sie wird der Trockenwetterabfluss ermittelt.

[Teileinzugsgebiete]

Bei der Berechnung von Kanalsystemen zur Erstellung einer Generalentwässerungsplanung ist es zwingend notwendig den Zufluss für Regenereignisse den einzelnen Haltungen zu zuweisen um diese hydraulisch nachweisen zu können. Das gesamte Gebiet welches ich betrachte unterteile ich in Einzugsgebiete für die geplanten Haltungen sowie in Einzugsgebiete für die bestehenden Haltungen, letztere sind mit einem kleinen a am Ende gekennzeichnet (z.B. Einzugsgebiet 01a). Im Anschluss unterteile ich diese Einzugsgebiete in Teileinzugsgebiete mit Nummern (z.B. 01) die dann den einzelnen Haltungen zugeordnet werden. Diese Teileinzugsgebiete umfassen das Gebiet von dem aus das Niederschlagswasser zur Haltung fließt. In der Regel sollen diese beinhalten, dass jeder Punkt, der sich in ihnen befindet, der zugeordneten Haltung am nächsten ist. Dies ist in dieser Arbeit jedoch nicht möglich, da ich ausschließlich die Hauptleitung betrachte und den Haltungen Teileinzugsgebiete zuteile, die später über diese Haltung durch Zuflussleitungen, Mulden oder sonstigem entwässert werden sollen. Setzt man die Planung fort und teilt den Hauptleitungen u.a. Zuflussleitungen zu sollten diese aber der eben angesprochenen Regel folgen. Zudem ist es meiner Ansicht nach wichtig, dass Einzugsgebiet sinnvoll zu entwässern und so ergeben sich gelegentlich Teileinzugsgebiete die sehr weitläufig sind und ggf. der Regel nach eher einer anderen Haltungen zugeordnet würden. Des Weiteren möchte ich darauf achten, das zu Beginn des jeweiligen

Einzugsgebietes die Teileinzugsgebiete größer sind damit sich im Verlauf des Kanalnetzes nicht allzu große Durchmessersprünge einstellen. Zusätzlich muss darauf geachtet werden, dass Flächen bei der Einteilung weder ausgelassen noch doppelt erfasst werden.

Die Summe aller Teileinzugsgebiete ergibt das jeweilige Einzugsgebiet, alle Einzugsgebiete ergeben das gesamte untersuchte Gebiet.

Abb. 3.1.2 Einzugsgebiete aus maps.google.de (2012), Google – 08.12.12, 11:36 Uhr;
Überarbeitet von Philipp Heetlage

In der Abbildung Abb. 3.1.2 auf der vorherigen Seite   (vgl. Anhang Bilder/Anlage02) sieht man das gesamte untersuchte Stadtgebiet mit der Unterteilung in Einzugsgebiete. Die Einzugsgebiete die keinen oder nur teilweise den vorhandenen Kanal beinhalten sind so gewählt dass sie immer an das bestehende Kanalsystem anschließen. Die Gründe hierfür wurden bereits in der Konzeptionierung erwähnt.

[Zustandsbeschreibung des existierenden Entwässerungssystems]

Da sich die Arbeit an einem laufenden Auftrag orientiert war zu Beginn wichtig, dass die Informationen, die hier benötigt werden zeitnah durch die Firma Michel Bau dokumentiert werden. Der Plan über die Arbeitsphasen brachte mich – wie bereits erwähnt - letztlich dazu dieses Stadtgebiet zu untersuchen. Im Plan ist das Gebiet als Phase I gekennzeichnet und der ursprüngliche Plan sah vor, ca. 1,0 km Kanalnetz pro Tag zu dokumentieren. Die Pumpstation Khokhopara sollte der Startpunkt der Dokumentation sein. Gemäß dieser Vorgabe hätte ich nach ungefähr drei der fünfwöchigen Bearbeitungsphase, alle relevanten Daten zur Erstellung einer genauen Zustandsbeschreibung sowie der Berechnung der Leistungsfähigkeit des vorhandenen Netzes. Die Baubranche zeichnet sich nicht dadurch aus, das immer alles genau nach Plan läuft und so war bzw. ist es auch in diesem Fall. Als die Arbeiten an der Pumpstation beginnen sollten war klar, dass das vorhandene Kanalnetz zurzeit außer Betrieb ist, was jedoch vorher nicht bekannt war und sich nun erst rausstellte ist die Tatsache, dass in den Pumpstationen überhaupt keine Pumpen existieren. Ein Blick in die Pumpstation (s. Anhang Bilder/Anlage06) zeigt dass diese unter Wasser steht. In der Pumpstation sind ausschließlich noch die ehemaligen Stromleitungen vorhanden, welche entgegen der Erwartungen mancher Beteiligter natürlich nicht mehr wieder verwendet werden können. Einen weiteren Überblick über die Pumpstation Khokhopara sollen die Bilder im

Anhang Bilder/Anlage08 – 09 schaffen. Messungen haben ergeben, dass der Wasserstand bei 1,50 m unter GOK liegt.

Gemäß der Angaben zur Pumpstation (s. Anhang Bilder/Anlage07) ist die Pumpstation 11,00 m tief und 6,0 m breit („Size of dry well and switch room 11Mx6M."). Das bedeutet, dass die Pumpstation ca. 9,50 m unter Wasser steht bei einem Höhenunterschied bis zum Beginn der Freispiegelleitung in nördlichen Teil des Stadtgebietes von 12,00 m, sodass eigentlich fast das gesamte Kanalnetz dieses Bereiches unter Wasser stehen müsste. Tatsächlich stehen aber „nur" die ersten 500 m der Leitungen komplett unter Wasser. Ab diesem Punkt wurde ein Schieber eingebaut der das Mischwasser in umliegende Teiche oder Bäche roh ablaufen lässt.

Aufgrund dieser Zustände kann die Dokumentation die hier erforderlichen Informationen nicht vollständig liefern. Im Anhang (nur in der Originalarbeit) befindet sich unter in der Anlage unter den Zeichnungen die aktuelle Übersicht der Dokumentation vom 06.12.2012 zeichnerisch dargestellt. Die in dieser Zeichnung dargestellten Haltungen stellen die vorhandenen Leitungen im westlichen Teil des von mir untersuchten Gebietes da. Legt man die angegeben Tiefen der Sohlen an so ergeben sich Haltungsgefälle von etwa 0,25 %. Als Innendurchmesser werden Werte zwischen 550 mm und 700 mm angegeben. Mit diesen beiden Werten lässt sich zumindest annähernd bei der Auswertung der Ergebnisse nach „Tabellen zur hydraulischen Berechnung von Steinzeugrohren nach Prandtl-Colebrook" von K.J. Uecker abschätzen welche Leistungsfähigkeit der vorhandene Kanal besitzt. Die Bilder im Anhang Bilder/Anlage10 – 12 ermöglichen keine vollständige Zustandsbeschreibung um die Sanierungsnotwendigkeit zu beschreiben, sie zeigen jedoch, dass sich der Kanal erstaunlicher Weise in einem relativ gutem Zustand befindet. Neben den Ablagerungen, die durch die nicht erfolgten Spülungen anzunehmen waren, sind hier zumindest keine großen Schäden zu erkennen. Dies bedeutet jedoch nicht, dass der Kanal auf der gesamten Länge dieses Erscheinungsbild abgibt, eine genauere Zustandsbeschreibung wird später im Zuge der weiteren Dokumentation vorgenommen. Die Einteilung in verschiedene Klassen, welche angeben wie Sanierungsbedürftig der Kanal ist, erfolgt mit einer Software. Diese nutzt die Bilder, die eine Kamerabefahrung zu einem späteren Zeitpunkt liefern soll und ermittelt gemäß des Handbuchs „Sewer Manual Rehabilitation" vom WRC (Water Research Center) den Zustand und die Dringlichkeit einer Sanierung. Dies kann ich in dieser Arbeit nicht mehr darstellen, da diese Arbeiten nach der Abgabe erfolgen. Über das vorhandene Kanalnetz im westlichen Teil des Gebietes gibt es bis zum jetzigen Zeitpunkt (Mitte Dezember '12) keine Dokumentation.

[Zusammenstellung]

Nachfolgend eine Zusammenstellung aller relevanten Daten für die im Anschluss geführten Abschätzungen des Schmutz- und Regenwasseranfalls sowie die hydraulischen Nachweise.

Gebiet:
- Fläche   = 39,29 ha
- Einwohnerdichte = $200 - 300\ \frac{E}{ha}$ = $300\ \frac{E}{ha}$ für Bemessung gewählt
- Einwohnerzahl   = ca. 11787 E
- Geländeneigung = ca. 1,2 %
- Geländehöhe   = zwischen 286,00 mNN und 298 mNN

Existierendes Kanalsystem:
- Gefälle: ca. 1,0 %

27

      o Geschätzt aus Geländeneigung, keine genauen Werte vorhanden
- DN: 550 mm, 600 mm, 700 mm

Schmutzwasser:

- Wasserverbrauch pro Person und Tag

      o gewählt $= 75 \frac{l}{E*ha}$

Der Wasserverbrauch pro Tag und Person ist für ein Stadtgebiet nicht leicht
zu ermitteln. Die Regierungsnormen sollen einen Verbrauch von ca. 55 Litern
pro Kopf und pro Tag empfehlen. [11] Dieser wird aufgrund der
vorherrschenden Wasserknappheit bewusst niedriger gehalten worden sein.

- Industriewasseranfall

      o gewählt $= 0 \frac{l}{s}$

Da es sich um ein reines Stadtgebiet ohne Industrie handelt ist diese in allen
Nachweisen mit 0 anzugeben.

- Fremdwasseranfall

      o gewählt   **= 1,0 –**

Der Beiwert zur Berechnung des Fremdwasseranfalls ist mit 1,0 gewählt
worden. Sollten hier keine Messungen vorgenommen worden sein, sollte in
der Regel dieser Wert angenommen werden.[12]

Regenwasser:

- *Regenwasserspende $_{r(15)1}$:*

---

[11] Epochtimes (2012),
   http://www.epochtimes.de/indiens-wasserwirtschaft-steht-vor-herausforderung-766429.html,
14.12.2012, 14:25 Uhr
[12] Prof. Dr.-Ing. Matthias Grottker: Script Siedlungshygiene.

- o gewählt   = 180 $\frac{l}{s*ha}$ und 225 $\frac{l}{(s*ha)}$

Da es hier ebenfalls keinen genauen Wert gibt und es sich mit Indien um ein regenreiches Land handelt habe ich diese beiden Werte angenommen. Diese Annahme traf ich zudem in Absprache mit dem Betreuer. Die hydraulischen Nachweise sind für beide Regenwasserspenden berechnet.

- *Regenhäufigkeit*:

  - o gewählt   = 1,0 $\frac{1}{a}$

Die Annahme zur Regenhäufigkeit habe ich mit 1,0 getroffen, da die Planung wirtschaftlich sein soll und ein kleinerer Wert würde bei den Nachweisen viel größere Kanaldurchmesser ergeben. Das wäre hier nicht sinnvoll da es in Indien durchaus üblich ist das nach starken Niederschlägen die Straßen unter Wasser stehen.

- *Befestigungsgrad:*

  - o gewählt   = **70%**

Um möglichst viel des anfallenden Regenwassers mit einzubeziehen habe ich hier, in Absprache mit dem Betreuer einen Befestigungsgrad von 70% gewählt. So ist gewährleistet, dass nicht nur das Regenwasser der Straßen mit einbezogen ist sondern auch die Dächer.

Materialeigenschaften:

- *Rohrquerschnitt:*

  - o gewählt   = **Kreisprofil**

Das Kreisprofil habe ich gewählt weil es sich hydraulisch günstig verhält und auch im Bezug auf den vorhandenen und den zu planenden Kanal leichter zu sanieren ist.

- *Rohrmaterial:*
    o gewählt: = **Steinzeug**

Steinzeug ist ein übliches Material für ein Schmutz- oder Mischwasserkanal.

- *Rohrrauhigkeit:*
    o gewählt   = **1,5 mm**

Die Rohrrauhigkeit wurde im Bezug auf den Zustand des vorhandenen Kanals gewählt. Für den geplanten Kanal ist dieser ebenfalls mit 1,5 mm anzusetzen da die Qualität bei Einbau (0,25 mm) mit fortschreitender Zeit nicht bestehen bleibt.

3.2 [Hydraulische Bemessung]

[Verfahren]

Für die Bemessung des Kanalabflusses gibt es verschiedene Berechnungsmethoden. Für die hier geführten Nachweise wurde nach dem Zeitbeiwertverfahren berechnet. Das Zeitbeiwertverfahren ist „das am häufigsten eingesetzte, herkömmliche Berechnungsverfahren" nach Arbeitsblatt DWA-A 110 dem DWA Regelwerk. Das Zeitbeiwertverfahren gehört, wie auch u.a. das Zeitabflussfaktorverfahren oder das Summenlinienverfahren, zu den hydrologischen Berechnungsmethoden. Die hydrologischen Methoden zeichnen sich durch die Berechnung von Maximalwerten aus weshalb man sie auch als Fließzeitverfahren bezeichnet.[13]

Andere Berechnungsmethoden sind hydrologische Abflussmodelle oder hydrodynamische Berechnungsmethoden. Letztere beziehen sich direkt auf die physikalisch-hydraulische Gesetzmäßigkeit des in Kanälen auftretenden Fließvorgangs, mathematisch beschrieben durch die Saint-Venant'schen Differntialgleichungen.[14] Für die hier geführten Nachweise wird die Anwendung hydrologischer oder hydrodynamischer Modelle gemäß dem Arbeitsblatt ATV DWA-A 118 nicht empfohlen, da hier eine Neubemessung stattfindet. Empfohlen werden hier die Fließzeitverfahren welche für die Anwendung bei der Nachrechnung bestehender System und Anwendung von Sanierungsvarianten auch als Möglichkeit in Frage kommen jedoch nicht empfohlen werden (s. Anhang Tabellen/Anlage02 – 04)

---

[13] DWA Regelwerk. Arbeitsblatt ATV DWA-A 118 (März 2006)
[14] DWA Regelwerk. Arbeitsblatt ATV DWA-A 118 (März 2006)

Zudem wird nach DIN EN 752-4 bei Einzugsgebieten bis 200 ha oder Fließzeiten bis 15 min einfache empirische Methoden, wozu die Fließzeitverfahren gehören, empfohlen.[15]

[Abschätzung des Schmutzwasseranfalls]

Zur Berechnung des Trockenwetterabflusses betrachtet man den häuslichen Wasserverbrauch sowie den Schmutzwasseranfall von Industrie und den Fremdwasseranfall. Der Trockenwetterabfluss trägt allerdings nur einen überschaubaren Teil zur Bemessung des Kanalnetzes bei da dieser im Verhältnis zum Regenwasseranfall sehr gering ist. Der Fremdwasseranfall bezieht sich auf undichte Stellen im Kanalnetz durch die ein zusätzlicher Wasseranfall entsteht.

$$\rightarrow Q_{TW} = Q_h + Q_i + Q_f \ [\tfrac{l}{s}]$$

mit :

- Q_{TW} = Trockenwetterabfluss $[\tfrac{l}{s}]$

- Q_h = Häuslicher Schmutzwasseranfall $[\tfrac{l}{s}]$

- Q_i = Industrieller Schmutzwasseranfall $[\tfrac{l}{s}]$

- Q_f = Fremdwasseranfall $[\tfrac{l}{s}]$

Berechnung des häuslichen Schmutzwasseranfalls:

$$Q_h = \frac{(E * ws)}{x * 3600}$$

---

[15] DIN EN 752-4

32

$$= \frac{(11787*75)}{(10*3600)} = 24,56 \ \frac{l}{s}$$

mit :   -E   = Einwohner

            $-w_s$ = Wasserverbrauch pro Einwohner $[\frac{l}{s}]$

            – x   = Spitzenstundensatz[16]

Berechnung des Fremdwasseranfalls:

Q_f $= m * Q_s = m * (Q_h + Q_i) \ [\frac{l}{s}]$ →Qi=0 (keine Industrie)

Q_f $= m * Q_h = 1,0 * 24,30 = 24,56 \ \frac{l}{s}$

       mit :

                   −m   = Beiwert Fremdwasser ca. 1,0 oder Messungen

                   $-Q_s$ = Schmutzwasseranfall $[\frac{l}{s}]$

Trockenwetterabfluss Gesamt :

Q_{TW} $= Q_f + Q_h$

         $= 24,56 + 24,56 = 49,12 \ \frac{l}{s}$

Trockenwetterabfluss pro Einwohner :

$Q_{TW,E}$ $= \frac{QTW}{E}$

      $= \frac{49,12}{11787} = 0,004167 \ \frac{l}{s}$

---

[16] Alfons Goris, 2008:Schneider, Bautabellen für Ingenieure. 18. Auflage, 13.63.

Schmutzwasserspende:

Die Schmutzwasserspende q_H [$\frac{l}{s*ha}$] errechnet sich durch die Siedlungsdichte

ED [$\frac{E}{ha}$], dem täglichen Schmutzwasseranfall Q_s [$\frac{l}{E*D}$] sowie dem Zeitfaktor

[$12 \frac{h}{d} * 3600 \frac{s}{h}$].

Die Schmutzwasserspende wird nach SCHNEIDER Bautabellen[17] mit

$$q_H \quad = \frac{ED * Qs}{12\frac{h}{d}*3600\frac{s}{h}} \quad [\frac{l}{s*ha}]$$

$$q_H \quad = \frac{300\frac{E}{ha}*75\frac{l}{E*d}}{12\frac{h}{d}3600\frac{s}{h}} = 0,5 \frac{l}{s*ha}$$

mit :

$$- ED = 300 \frac{E}{ha}$$

$$- Q_s = 75 \frac{l}{E*d}$$

Fremdwasserspende:

Die Fremdwasserspende geht hier wie vor mit dem Faktor m = 1,0 ein und so

ergibt sich eine Fremdwasserspende von

$$q_F \quad = m * q_S$$

$$= 1,0 * q_S = 0,5 \frac{l}{s*ha}$$

---

[17] Alfons Goris, 2008:Schneider, Bautabellen für Ingenieure. 18. Auflage, 13.63.

Trockenwetterabflussspende:

Aus der Schmutzwasserspende sowie der Fremdwasserspende ergibt sich nun die Trockenwetterabflussspende mit

$$q_T \quad = q_F * q_S$$
$$= 1{,}0 \; \frac{l}{s*ha}$$

[Abschätzung des Regenwasseranfalls]

Die Abschätzung des Regenwasseranfalls ist für die Bemessung eines Mischwasserkanals von entscheidender Bedeutung. Das anfallende Regenwasser macht bei der Bemessung weit mehr als 90 % des gesamten Abflusses aus.

Die Berechnung des Regenwasserabflusses erfolgt nach den folgenden Arbeitsschritten[18]:

- Ermittlung des Spitzenabflussbeiwertes
- Fließgeschwindigkeit bei Vollfüllung schätzen und mit Kanallängen Fließzeit berechnen
- Regendauer = Fließzeit $\geq$ 5 min
- Regenhäufigkeit n vorgeben
- Zeitbeiwert angeben
- Regenspende $r_{15(1)}$ angeben
- Regenspende $r_{D(n)}$ berechnen
- Mit Zeitbeiwertformel Regenwasserabfluss berechnen
- Mischwasserabfluss berechnen

---

[18] Prof. Dr.-Ing. Matthias Grottker: Script Siedlungshygiene.

Ermittlung des Spitzenabflussbeiwertes

Die Ermittlung des Spitzenabflussbeiwertes erfolgt nach den empfohlenen Spitzenabflussbeiwerten für die gewählten Regenspenden bei einer Regendauer von 15 Minuten $r_{15(1)}$ in Abhängigkeit von der mittleren Geländeneigung I_G und dem Befestigungsgrad. , der hier mit 70% angenommen wird.

Befesti-gungs-grad [%]	Gruppe 1 $I_G < 1\%$				Gruppe 2 $1\% \leq I_G \leq 4\%$				Gruppe 3 $4\% < I_G \leq 10\%$				Gruppe 4 $I_G > 10\%$			
	für r_{15} [l/(s·ha)] von															
	100	130	180	225	100	130	180	225	100	130	180	225	100	130	180	225
0 *)	0,00	0,00	0,10	0,31	0,10	0,15	0,30	(0,46)	0,15	0,20	(0,45)	(0,60)	0,20	0,30	(0,55)	(0,75)
10 *)	0,09	0,09	0,19	0,38	0,18	0,23	0,37	(0,51)	0,23	0,28	0,50	(0,64)	0,28	0,37	(0,59)	(0,77)
20	0,18	0,18	0,27	0,44	0,27	0,31	0,43	0,56	0,31	0,35	0,55	0,67	0,35	0,43	0,63	0,80
30	0,28	0,28	0,36	0,51	0,35	0,39	0,50	0,61	0,39	0,42	0,60	0,71	0,42	0,50	0,68	0,82
40	0,37	0,37	0,44	0,57	0,44	0,47	0,56	0,66	0,47	0,50	0,65	0,75	0,50	0,56	0,72	0,84
50	0,46	0,46	0,53	0,64	0,52	0,55	0,63	0,72	0,55	0,58	0,71	0,79	0,58	0,63	0,76	0,87
60	0,55	0,55	0,61	0,70	0,60	0,63	0,70	0,77	0,62	0,65	0,76	0,82	0,65	0,70	0,80	0,89
70	0,64	0,64	0,70	0,77	0,68	0,71	0,76	0,82	0,70	0,72	0,81	0,86	0,72	0,76	0,84	0,91
80	0,74	0,74	0,78	0,83	0,77	0,79	0,83	0,87	0,78	0,80	0,86	0,90	0,80	0,83	0,87	0,93
90	0,83	0,83	0,87	0,90	0,86	0,87	0,89	0,92	0,86	0,88	0,91	0,93	0,88	0,89	0,93	0,96
100	0,92	0,92	0,95	0,96	0,94	0,95	0,96	0,97	0,94	0,95	0,96	0,97	0,95	0,96	0,97	0,98

*) Befestigungsgrade ≤ 10 % bedürfen i. d. R. einer gesonderten Betrachtung

Tab. 3.2.1: Ermittlung des Spitzenabflussbeiwertes, aus ATV-A 118, 1997/ATV; 1999; Empfohlene Spitzenabflussbeiwerte für unterschiedliche Regenspenden bei einer Regendauer von 15 min (r15) in Abhängigkeit von der mittleren Geländeneigung *IG* und dem Befestigungsgrad (für Fließzeitverfahren).

Fließgeschwindigkeit bei Vollfüllung schätzen und mit Kanallängen Fließzeit berechnen

Für die Listenrechnung mit dem Zeitbeiwertverfahren soll hier die geschätzte Fließgeschwindigkeit bei Vollfüllung immer $1{,}0 \frac{m}{s}$ betragen. Aus dieser Fließgeschwindigkeit und den Kanallängen entsteht die Fließzeit. Die Fließzeit muss mindestens 5 Minuten betrachten. Sollte die errechnete

Fließzeit nicht 5 Minuten ergeben sind diese anzusetzen.

Regenhäufigkeit n vorgeben

Da die Kanäle nicht überbemessen werden sollen, bezahlbar sein sollen und man in Indien daran gewöhnt ist, dass die Straßen nach einem heftigen Niederschlag unter Wasser stehen soll hier die Regenhäufigkeit 1,0 $\frac{1}{a}$ betragen.

Zeitbeiwert angeben

Mit der ermittelten Regendauer sowie der gewählten Regenhäufigkeit lässt sich nun der Zeitbeiwert gemäß der Tabelle im Anhang Tabellen/Analge02 angeben.

Regenspende $r_{15(1)}$ angeben

Um mittels der vorhergehenden Angaben und Annahmen die Regenspende $r_{(D)n}$ berechnen zu können muss nun die Regenspende $r_{15(1)}$ angegeben werden. Diese wird hier wie in der Zusammenstellung der Grundlagen bereits angegeben jeweils mit 180 $\frac{l}{s*ha}$ sowie 225 $\frac{l}{s*ha}$ angenommen.

Regenspende $r_{D(n)}$ berechnen

Die Regenspende, bezogen auf die oben angegebenen Werte, errechnet sich nun aus der Regenspende $r_{15(1)}$ sowie dem Zeitbeiwert. Diese beiden Werte werden multipliziert und ergeben die Regenspende in $\frac{l}{s*ha}$.

$$rD(n) = r15(1) * \varphi$$

Mit Zeitbeiwertformel Regenwasserabfluss berechnen

Multipliziert man nun die Regenspende mit der Fläche des Einzugsgebietes sowie dem Spitzenabflussbeiwert erhält man den Regenwasserabfluss der Haltung in $\frac{l}{s}$.

$$RW\text{-}Abfluss \;=\; rD(n) * Einzugsgebiet * Spitzenabflussbeiwert = \left[\frac{l}{s*ha}\right] * [ha] *$$

$$[-] = \frac{l}{s}$$

Mischwasserabfluss berechnen

Der Mischwasserabfluss ergibt sich aus der Addition von Regenwasserabfluss und Schmutzwasserabfluss.

[Mischwasserkanaldimensionierung]

Die hydraulischen Nachweise des zu planenden Kanalnetzes sind gemäß den vorherigen Annahmen sowie Zeitbeiwertverfahren berechnet. Die Berechnung erfolgte wie bereits erwähnt in Einzugsgebieten. Die gewählten Durchmesser richten sich nach dem berechneten MW – Abfluss und sind den Tabellen zur hydraulischen Berechnung von Steinzeugrohren nach Prandtl-Colebrook zu entnehmen. Zu den jeweiligen Einzugsgebieten gibt es in dem Ordner hydraulische Nachweise sowohl einen Lageplan als auch die Listenrechnung nach dem Zeitbeiwertverfahren. Einen Höhenplan konnte ich aus zeitlichen Gründen nur exemplarisch für das Einzugsgebiet 01 erstellen.

Innerhalb der Tabellen sind anschließende Straßen oder Einzugsgebiete mit dem Zusatz „*Anschluss Straße 03" bzw. „*Anschluss Einzugsgebiet04" an den Stellen, an denen sich diese summieren gekennzeichnet.

Die Schächte sollen sofort jedem Einzugsgebiet und Straße zu geordnet werden können weshalb ich hier folgende Bezeichnung gewählt habe.

Schachtbezeichnung EZ01ST02SN01

mit:

EZ01 = Einzugsgebiet 01

ST02 = Straße 02

SN01 = Schachtnummer 01

Die Ermittlung der Teilfüllung sowie der dazugehörigen Geschwindigkeiten erfolgen gemäß den Tabellen nach Prandtl-Colebrook, s. Tabellen/Anlage05 – 06.

Errechnet wird die Teilfüllung aus dem Verhältnis von Q_v zu Q_t. Aus dem hieraus errechneten Wert erhält man über die Verhältnisse der Geschwindigkeiten v_v zu v_t und der Höhen H_v zu Hat. Aus den Werten dieser Verhältnisse lässt sich im Anschluss die Höhe der Teilfüllung sowie die zugehörige Geschwindigkeit berechnen.

Die Sohlhöhen zu Beginn des Einzugsgebietes sind frei gewählt und gemäß Konzept umgesetzt. Sie richten sich nach den Geländehöhen die vom Ingenieurbüro Meinhardt mitgeliefert wurden sowie dem Gefälle und der Länge der Haltung.

[Bemessung Regenüberlaufbecken]

Die Bemessung des Regenüberlaufbeckens erfolgt in der Regel nach dem Arbeitsblatt DWA-A 128 des DWA Regelwerkes. Aus zeitlichen Gründen wird für die Bemessung des vor der Pumpstation geplanten Regenüberlaufbeckens vereinfacht gemäß Absprache mit dem Betreuer mit $V = 30,0 \frac{m^3}{ha}$ gerechnet. Das untersuchte Stadtgebiet umfasst nach Einteilung der Einzugsgebietsgrenzen auf Basis des Plans des Ingenieurbüros

Meinhardt 39,29 ha. Für Das Regenüberlaufbecken ergibt sich somit ein notwendiges Speichervolumen von:

$$Vs = 30,0 \frac{m^3}{ha} * 39,29 \, ha = 1178,70 \, m^3 \approx 1200 \, m^3$$

Die Tiefe des Überlaufbeckens soll 5,0 m betragen. Die Breite habe ich mit 10,0 m gewählt, die Länge mit 24,0 m.

Regenüberlaufbecken:

V_S = 1200 m³

B = 10,0 m

L = 24,0 m

T = 5,0 m

3.3 [Auswertung]

[Ergebnisse]

Die hydraulischen Nachweise dieser Arbeit zeigen im direkten Vergleich mit der Dokumentation vor allem eines: das derzeitige Kanalnetz kann keine weiteren Eizugsgebiete mehr aufnehmen, zumindest nicht ohne weitere Maßnahmen. Es wird nicht mal das Einzugsgebiet welches dem vorhandenen Kanals zugeordnet werden könnte aufnehmen können. In dem von mir als Einzugsgebiet 01a bezeichneten Gebietes habe ich ausschließlich den vorhandenen Kanal betrachtet (vgl. Hydraulische Nachweise / nur Originalarbeit). Am Ende des Einzugsgebietes schließe ich den Nachweis mit einer Nennweite von DN700 bei einem Gefälle von 1:100 ab (bei einer Regenspende von 180 $\frac{l}{s*ha}$). Das bedeutet, dass schon an diesem Punkt der vorhandene Kanal nicht ausreichend ist. Dieser wird hier mit einer Nennweite von DN550 bzw. DN600 (vgl. Anhang Zeichnung/Anlage18) beschrieben. Dieser Wert bedeutet bei einem geschätzten Gefälle von 1:100, einer angenommenen Rohrrauhigkeit von 1,5 mm und einer Steinzeugausführung eine Leistungsfähigkeit von 613 $\frac{l}{s}$ (für DN600, ein Wert für DN550 ist nicht vorhanden). Die Leistungsfähigkeit entspricht demnach ca. 56 % gegenüber der erforderlichen Leistungsfähigkeit. Die Nachweise enden am Übergangschacht mit einem Durchmesser von DN1600 (bei einer Regenspende von 180 $\frac{l}{s*ha}$). An dieser Stelle, die sich unweit der Pumpstation befindet, besteht der Kanal des vorhandenen Netzes aus einem Durchmesser von DN700 gemäß der Dokumentation der Firma Michel Bau (vgl. Anhang Zeichnung/Anlage18). An dieser Stelle muss der Kanal gemäß hydraulischen Nachweisen 7545,3 $\frac{l}{s}$

aufnehmen können. Ein Kanal des Durchmessers DN700 (vgl. Kapitel 3.1 Grundlagenermittlung, Zustandsbeschreibung des existierenden Entwässerungssystems) als Steinzeugausführung mit einer angenommenen Rohrrauhigkeit von 1,5 mm und mit einem geschätzten Gefälle von 1,0 % bzw. 1:100 kann jedoch lediglich 920 $\frac{l}{s}$ aufnehmen [19]. Dies muss beim Konzept für die Sanierung unbedingt beachtet werden. Ferner wird deutlich dass dringend Handlungsbedarf besteht, nicht nur weil die aktuelle Leistungsfähigkeit in der Leitung zum Pumpwerk gerade einmal ca. 11 % der benötigten Leistungsfähigkeit entspricht, sondern auch weil das vorhandene Kanalnetz komplett außer Betrieb ist und sich auf 500 m anstaut. Darüber hinaus bedeutet ein Bevölkerungszuwachs von 350 % auf die gesamte Stadt betrachtet eine enorme Herausforderung bei der Erschließung be- und entstehender Haushalten. In dem von mir betrachteten Gebiet wird sich die Einwohnerdichte ausgehend der Prognosen (vgl. Kapitel 2) nicht in einem unüberschaubaren Maß erhöhen, maximal 100 Einwohner pro Hektar bis 2043. Dafür ist das untersuchte Gebiet bereits jetzt zu dicht besiedelt. Für die Kanaldimensionierung ist der Zuwachs unerheblich da der Schmutzwasseranfall zurzeit nur 0,54 % des Mischwasseranfalls ausmacht, rechnet man den Bevölkerungszuwachs ein macht der Schmutzwasseranfall bei gleichbleibendem Regenwasseranfall von 0,62 % aus.

---

[19] K.J. Uecker. 1976: Tabellen zur hydraulischen Berechnung von Steinzeugrohren, nach Prandtl-Colebrook. 3. Auflage, Köln.

[Konzept - Sanierung]

Die Ergebnisse zeigen, dass das vorhandene Kanalnetz nicht ausreichend ist um weitere Einzugsgebiete anzuschließen und so für eine ausreichende Kanalnetzinfrastruktur zu sorgen. Die einfachste und kostenintensivste Möglichkeit um die Differenz der vorhandenen Leistungsfähigkeit gegenüber der benötigten Leistungsfähigkeit zu beseitigen ist es die im westlichen Teil des Gebietes liegende Leitung komplett zu entfernen und durch einen geeigneten Kanal zu ersetzen. Hier wäre auch die Einbeziehung weiterer Einzugsgebiete möglich. Der vorhandene Platz in der Straße ist jedoch relativ gering, was neben den hohen Kosten, ein weiterer Nachteil ist.

Um diese Problem zu umgehen und durch eine Sanierung der Bestände zum Beispiel mit GFK - Linern Kosten zu sparen gilt es das Mischwasser zwischen zu speichern. Hierfür gibt es verschiedene Möglichkeiten. Es ist unter anderem möglich die letzte Haltung vor Anschluss an das vorhandene Kanalnetz mit Stauraumkanälen zu versehen oder Regenüberlaufbecken zu installieren. Des Weiteren ist es durchaus sinnvoll gezielt Regen-rückhaltebecken zu installieren oder einen gezielten Einstau von Kanälen über eine Abflusssteuerung zu gewährleisten [20]. Die hier sinnvollen Maßnahmen sind im Zusammenhang mit dem Zustand des vorhandenen Kanalnetzes zu sehen. Trotz der spärlichen Informationen über den Zustand scheint das Kanalnetz in einem relativ guten Zustand zu sein. Dies muss jedoch noch genausten Überprüft werden. Sollte sich hierbei rausstellen, dass eine Sanierung nur punktuell Notwendig ist, würde es Sinn machen an den geplanten Haltungen Stauräume zu schaffen. Hier bieten sich die Stauraumkanäle geradezu an da sie bei offener Bauweise nicht erheblich viel mehr Arbeitsaufwand, im Gegensatz zu Staubecken, mit sich bringen. Die Stauraumkanäle die, wie auch die Überlaufbecken oder Rückhaltebecken

---

[20] DWA Regelwerk. Arbeitsblatt ATV DWA-A 128 (April 1992)

gemäß dem DWA Regelwerk nach dem Arbeitsblatt DWA ATV-A 128 bemessen werden, nutzen die festgelegte Kanaltrasse um – wie der Name schon sagt – mehr Stauraum für anfallendes Mischwasser zu stellen. Sollte es möglich sein an den Übergangshaltungen vom geplanten zum vorhandenen Netz Überlaufbecken zu installieren ist dies ebenso sinnvoll. Zudem kann, wenn ausreichend Platz vorhanden, eine Vorreinigung des Mischwassers stattfinden.

Stellt sich bei der weiteren Dokumentation des Zustandes heraus, dass teilweise ganze Haltungen komplett saniert werden müssen kann dies für weiteren Stauraum sorgen. Muss eine Haltung saniert werden kann man hier ebenfalls mit Stauraumkanälen für mehr Stauraum sorgen indem man die Haltung in offener Bauweise erneuert. Weiter kann man, sobald die komplette Dokumentation abgeschlossen ist, die Entwässerung über andere bestehende Kanäle planen. Voraussetzung hierbei ist ebenfalls die Leistungsfähigkeit der vorhandenen Kanäle.

Eine weitere, eher unkonventionelle Möglichkeit ist es, die Straßeneinläufe für den Regenwasseranfall auf den Straßen deutlich zu reduzieren um den Maximalabfluss im Kanal zu begrenzen. Die Folgen wäre das anstauen des Regenwassers auf den Straßen, im schlimmsten Fall eine Überflutung ganzer Flächen.

Meinem Erachten nach sollte man hier die Möglichkeit die das Projekt eröffnet nutzen und demnach nicht nach der letzten Methode verfahren. Das vorhandene Kanalnetz kann, wenn es der Zustand hergibt, durch die obig angeführten Methoden bestehen bleiben, jedoch bedarf es diverser Bauwerke um dies zu realisieren. Die Bauwerke eröffnen wiederum Raum für eine Reinigung des Mischwassers was den Zielen des Projektes entspricht. Vor allem aber ist es wichtig sich weiter Gedanken über die Erschließung be- und entstehender Haushalten zu machen da dies wichtig für die hygienischen Zustände ist. Selbst wenn der Bevölkerungszuwachs bei der

Kanaldimensionierung keine Rolle spielt, so ist seine Bedeutung im Bezug auf den hygienischen Zustand bei gleichbleibender Kanalnetzabdeckung enorm.

[Ausblick]

Der Ausblick dieser Arbeit ist durchaus weitläufig da diese Arbeit auf verschiedenste Probleme hingewiesen hat und dennoch auch Lösungsvorschläge liefert. Was deutlich wurde ist die Tatsache, dass es dringend notwendig ist die Bevölkerung einer Stadt wie Raipur bei dieser Größe mit einem funktionierenden Kanalnetz zu versorgen, vor allem wenn man den Bevölkerungszuwachs betrachtet und was für katastrophale hygienische Zustände daraus entstehen können. Als Ausblick der Arbeit sehe ich als erstes die Übertragbarkeit der Entwässerungsplanung auf das gesamte Stadtgebiet Raipurs sowie die Planung von Klärwerken um das Mischwasser sogar auf Trinkwasserniveau säubern zu können. Des Weiteren denke ich, dass es durchaus sinnvoll ist, dass bestehende Kanalnetz bei zu behalten und ggf. zu sanieren. Dies kann durch die im Sanierungskonzept vorgeschlagenen Methoden sicherlich weitestgehend umgesetzt werden, denn es ist definitiv sehr kostenintensiv ein komplettes Kanalnetz nachträglich in einem bereits besiedelten Gebiet zu erstellen. Um dieses Kanalnetz, sowohl das vorhandene als auch das neu zu planende auch betreiben zu können ist es nützlich das Kanalnetz die ersten Jahre durch eine erfahrene Tiefbau Firma betreiben zu lassen. Im Anschluss kann diese Firma dem Tiefbauamt der Stadtverwaltung zeigen wie die fachgerechte Betreibung eines Kanalnetzes aussehen sollte, sodass auf lange Sicht gesehen die Stadt Raipur ein funktionstüchtiges Netz besitzt und eigenständig betreibt. Das kein ausreichendes Kanalnetz zurzeit besteht bietet jedoch auch Möglichkeiten.

So kann man von der Planung ausgehend die Ausführung direkt in detaillierte Pläne einarbeiten. Weiter ist es möglich alle Daten für eine Software zu nutzen welche ein Modell des Kanalnetzes erstellt und in der Lage ist dieses auch zu bewerten und Hochrechnung bezüglich des Zustandes anzustellen. Dies würde dazu führen, dass man zu jeder Zeit einen exakten Überblick über das Kanalnetz besitzt, gezielt sanieren kann und gezielt nachbessern kann. Es wäre hier auch möglich weitere umliegende Gebiete die derzeit noch nicht besiedelt sind anschließen zu lassen und direkt eine sinnvolle Planung für die Erschließung zu erstellen. Dies wird sicherlich in den nächsten Jahren ein großer Punkt sein, da wie eingangs beschrieben die Urbanisierung weiter voranschreitet. Nutzt man nun also hier die Möglichkeit ein Kanalnetz auf Basis des vorhandenen zu erstellen und erweitert dies mit der möglichen Nutzung von effizienten Klärwerken und Überlaufbecken so sollten die Lösungsansätze die zwei größten Probleme Indiens, die Wasserknappheit und die schlechten hygienische Zustände (vgl. Einleitung), in Raipur weitestgehend beheben.

[Literaturverzeichnis]

Literatur:

1) Meinhardt, 2012: Revised Final Detailed Project Report Sewerage, Technical Report. Indien.

2) Alfons Goris, 2008:Schneider, Bautabellen für Ingenieure. 18. Auflage.

3) K.J. Uecker. 1976: Tabellen zur hydraulischen Berechnung von Steinzeugrohren, nach Prandtl-Colebrook. 3. Auflage, Köln.

4) Prof. Dr.-Ing. Matthias Grottker: Script Siedlungshygiene.

5) DWA Regelwerk. Arbeitsblatt ATV DWA-A 118 (März 2006)

6) DWA Regelwerk. Arbeitsblatt ATV DWA-A 128 (April 1992)

7) DIN EN 752-4:1997-11, Titel: Entwässerungssysteme außerhalb von Gebäuden - Teil 4: Hydraulische Berechnung und Umweltschutzaspekte; Deutsche Fassung EN 752-4:1997

Internet:

1) Wikipedia (2012), Wikipedia; http://de.wikipedia.org/wiki/Indien#Umweltschutz, 16.11.2012, 13:42 Uhr

2) OECD Calculations (2012), OECD; http://www.oecd.org/eco/economicoutlookanalysisandforec asts/lookingto2060.htm, 16.11.2012, 14:50 Uhr

3) Wikipedia (2012), Wikipedia
   http://en.wikipedia.org/wiki/Raipur,_Chhattisgarh, 18.11.12, 16:30
   Uhr

4) Indien Aktuell (2012),
   http://www.indienaktuell.de/indien-
   info/laenderinformation/westindien/chhattisgarh/raipur/, 18.11.12,
   16:45 Uhr

5) Epochtimes (2012),
   http://www.epochtimes.de/indiens-wasserwirtschaft-steht-vor-
   herausforderung-766429.html, 14.12.2012, 14:25 Uhr

[Anhang]

[Bilder]

Anlage01

Gesamtes untersuchtes Gebiet

Fläche: 39,29 ha
Einwohner: ca. 11787

(Quelle: maps.google.de (2012), Google – 08.12.12, 11:36 Uhr; Überarbeitet von Philipp Heetlage)

Gesamtes untersuchtes Gebiet

Fläche: 39,29 ha
Einwohner: ca. 11787

(Quelle: maps.google.de (2012), Google – 08.12.12, 11:36 Uhr; Überarbeitet von Philipp Heetlage)

Anlage03

(Quelle: Michel Bau GmbH & Co. KG, Dezember 2012)

Anlage 04

(Quelle: Michel Bau GmbH & Co. KG, Dezember 2012)

(Quelle: Michel Bau GmbH & Co. KG, Dezember 2012)

Anlage 06

(Quelle: Michel Bau GmbH & Co. KG, Dezember 2012)

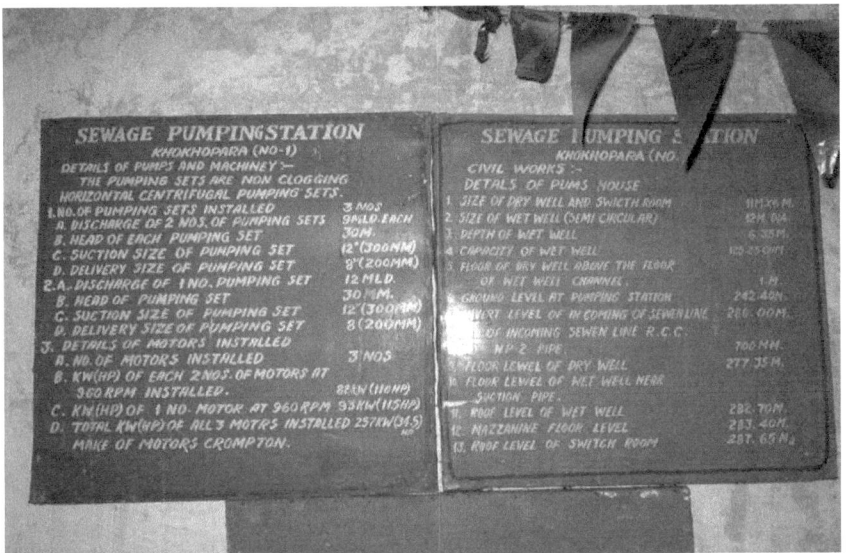

(Quelle: Michel Bau GmbH & Co. KG, Dezember 2012)

Anlage 08

(Quelle: Michel Bau GmbH & Co. KG, Dezember 2012)

(Quelle: Michel Bau GmbH & Co. KG, Dezember 2012)

Anlage 10

(Quelle: Michel Bau GmbH & Co. KG, Dezember 2012)

(Quelle: Michel Bau GmbH & Co. KG, Dezember 2012)

Anlage 12

(Quelle: Michel Bau GmbH & Co. KG, Dezember 2012)

[Tabellen]

<u>Anlage 01</u>

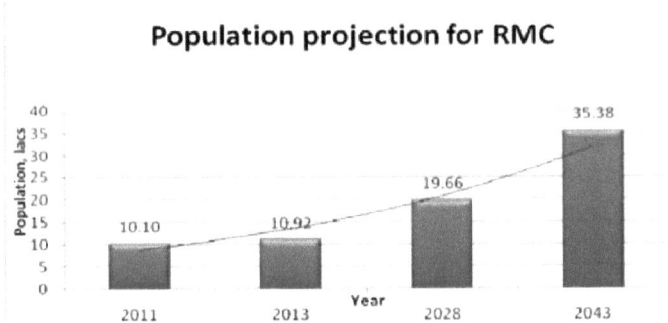

(Quelle: Meinhardt (2012): Revised Final Detailed Project Report Sewerage, Technical Report. Indien.)

<u>Anlage 02</u>

	Fließzeit-verfahren	hydrologische Modelle	hydro-dynamische Modelle
Regen-spendenlinie, Blockregen	empfohlen		
Modellregen Euler (Typ II)		möglich	möglich
Modellregen-gruppen		nicht empfohlen	nicht empfohlen
Gemessene Starkregen-serien		nicht empfohlen	nicht empfohlen

Tabelle: „Anwendungsempfehlung für die Neubemessung von Entwässerungssystemen" aus DWA Regelwerk, Arbeitsblatt DWA-A 118. (März 2006)

Anlage 03

	Fließzeit-verfahren	hydrologische Modelle	hydro-dynamische Modelle
Regen-spendenlinie, Blockregen	möglich		
Modellregen Euler (Typ II)		möglich	empfohlen
Modellregen-gruppen		möglich	empfohlen
Gemessene Starkregen-serien		möglich	empfohlen

Tabelle: „Anwendungsempfehlung für die Nachrechnung bestehender System" aus DWA Regelwerk, Arbeitsblatt DWA-A 118. (März 2006)

Anlage 04

	Fließzeit-verfahren	hydrologische Modelle	hydro-dynamische Modelle
Regen-spendenlinie, Blockregen	möglich		
Modellregen Euler (Typ II)		möglich	empfohlen
Modellregen-gruppen		möglich	möglich
Gemessene Starkregen-serien		möglich	nicht empfohlen

Tabelle: „Anwendungsempfehlung für die Berechnung von Sanierungsvarianten" aus DWA Regelwerk, Arbeitsblatt DWA-A 118. (März 2006)

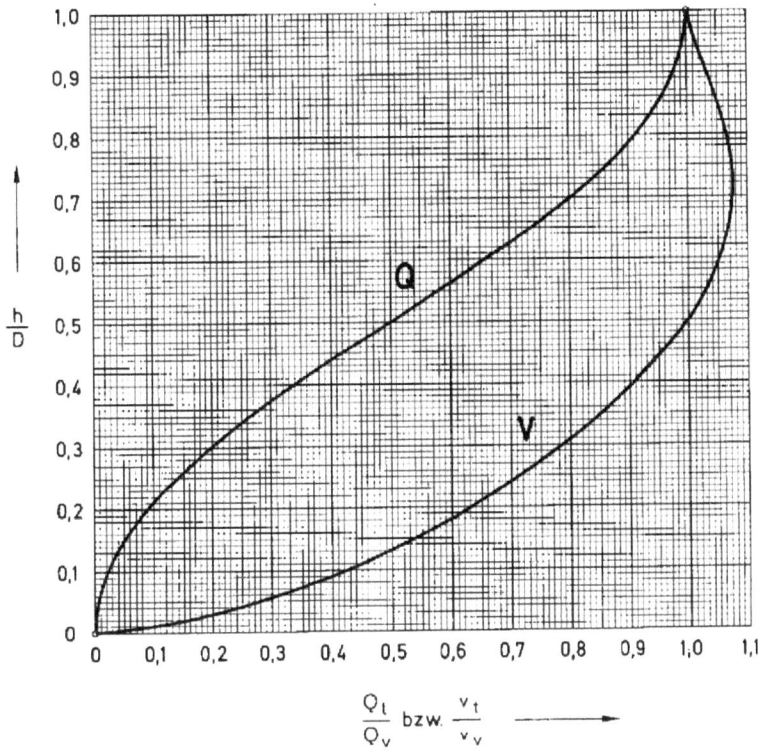

Diagramm zur Berechnung von Teilfüllung und dazugehöriger Geschwindigkeit aus K.J. Uecker. 1976: Tabellen zur hydraulischen Berechnung von Steinzeugrohren, nach Prandtl-Colebrook. 3. Auflage, Köln.

$\dfrac{Q_t}{Q_v}$	$\dfrac{h}{D}$	$\dfrac{v_t}{v_v}$	$\dfrac{Q_t}{Q_v}$	$\dfrac{h}{D}$	$\dfrac{v_t}{v_v}$	$\dfrac{Q_t}{Q_v}$	$\dfrac{h}{D}$	$\dfrac{v_t}{v_v}$
0,001	0,02	0,17	0,210	0,31	0,80	0,610	0,57	1,04
0,002	0,03	0,21	0,220	0,32	0,81	0,620	0,57	1,04
0,004	0,04	0,26	0,230	0,32	0,82	0,630	0,58	1,05
0,006	0,05	0,29	0,240	0,33	0,83	0,640	0,59	1,05
0,008	0,06	0,32	0,250	0,34	0,84	0,650	0,59	1,05
0,010	0,07	0,34	0,260	0,35	0,85	0,660	0,60	1,05
0,012	0,07	0,36	0,270	0,35	0,86	0,670	0,61	1,06
0,014	0,08	0,37	0,280	0,36	0,86	0,680	0,61	1,06
0,016	0,09	0,39	0,290	0,37	0,87	0,690	0,62	1,06
0,018	0,09	0,40	0,300	0,37	0,88	0,700	0,63	1,06
0,020	0,10	0,41	0,310	0,38	0,89	0,710	0,63	1,06
0,022	0,10	0,42	0,320	0,39	0,89	0,720	0,64	1,07
0,024	0,10	0,43	0,330	0,39	0,90	0,730	0,65	1,07
0,026	0,11	0,45	0,340	0,40	0,91	0,740	0,65	1,07
0,028	0,11	0,45	0,350	0,41	0,92	0,750	0,66	1,07
0,030	0,12	0,46	0,360	0,41	0,92	0,760	0,67	1,07
0,035	0,13	0,48	0,370	0,42	0,93	0,770	0,67	1,07
0,040	0,13	0,50	0,380	0,43	0,93	0,780	0,68	1,07
0,045	0,14	0,52	0,390	0,43	0,94	0,790	0,69	1,07
0,050	0,15	0,54	0,400	0,44	0,95	0,800	0,70	1,07
0,055	0,16	0,55	0,410	0,45	0,95	0,810	0,70	1,08
0,060	0,16	0,57	0,420	0,45	0,96	0,820	0,71	1,08
0,065	0,17	0,58	0,430	0,46	0,96	0,830	0,72	1,08
0,070	0,18	0,59	0,440	0,46	0,97	0,840	0,73	1,07
0,075	0,18	0,60	0,450	0,47	0,97	0,850	0,74	1,07
0,080	0,19	0,61	0,460	0,48	0,98	0,860	0,75	1,07
0,085	0,19	0,62	0,470	0,48	0,99	0,870	0,76	1,07
0,090	0,20	0,63	0,480	0,49	0,99	0,880	0,77	1,07
0,095	0,21	0,64	0,490	0,49	1,00	0,890	0,78	1,07
0,100	0,21	0,65	0,500	0,50	1,00	0,900	0,79	1,07
0,110	0,22	0,67	0,510	0,51	1,00	0,910	0,80	1,07
0,120	0,23	0,69	0,520	0,51	1,01	0,920	0,81	1,06
0,130	0,24	0,70	0,530	0,52	1,01	0,930	0,82	1,06
0,140	0,25	0,72	0,540	0,52	1,02	0,940	0,83	1,05
0,150	0,26	0,73	0,550	0,53	1,02	0,950	0,85	1,05
0,160	0,27	0,74	0,560	0,54	1,02	0,960	0,86	1,04
0,170	0,28	0,76	0,570	0,54	1,03	0,970	0,88	1,04
0,180	0,28	0,77	0,580	0,55	1,03	0,980	0,91	1,03
0,190	0,29	0,78	0,590	0,56	1,03	0,990	0,93	1,02
0,200	0,30	0,79	0,600	0,56	1,04	1,000	1,00	1,00

Diagramm zur Berechnung von Teilfüllung und dazugehöriger Geschwindigkeit aus K.J. Uecker. 1976: Tabellen zur hydraulischen Berechnung von Steinzeugrohren, nach Prandtl-Colebrook. 3. Auflage, Köln.

[weitere Anlagen]

(Quelle: Michel Bau GmbH & Co. KG, Dezember 2012)

(Quelle: Michel Bau GmbH & Co. KG, Dezember 2012)

(Quelle: Michel Bau GmbH & Co. KG, Dezember 2012)

(Quelle: Michel Bau GmbH & Co. KG, Dezember 2012)

(Quelle: Michel Bau GmbH & Co. KG, Dezember 2012)

(Quelle: Michel Bau GmbH & Co. KG, Dezember 2012)

(Quelle: Michel Bau GmbH & Co. KG, Dezember 2012)

(Quelle: Michel Bau GmbH & Co. KG, Dezember 2012)

(Quelle: Michel Bau GmbH & Co. KG, Dezember 2012)

(Quelle: Michel Bau GmbH & Co. KG, Dezember 2012)

(Quelle: Michel Bau GmbH & Co. KG, Dezember 2012)

i want morebooks!

Buy your books fast and straightforward online - at one of the world's fastest growing online book stores! Environmentally sound due to Print-on-Demand technologies.

Buy your books online at

www.get-morebooks.com

Kaufen Sie Ihre Bücher schnell und unkompliziert online – auf einer der am schnellsten wachsenden Buchhandelsplattformen weltweit!
Dank Print-On-Demand umwelt- und ressourcenschonend produziert.

Bücher schneller online kaufen

www.morebooks.de

OmniScriptum Marketing DEU GmbH
Heinrich-Böcking-Str. 6-8
D - 66121 Saarbrücken
Telefax: +49 681 93 81 567-9

info@omniscriptum.de
www.omniscriptum.de

MIX
Papier aus verantwortungsvollen Quellen
Paper from responsible sources
FSC® C105338

FSC
www.fsc.org

Printed by Books on Demand GmbH, Norderstedt / Germany